Markus Kranzler

Die Suche nach Leben auf dem Mars

GRIN Verlag

Bibliografische Information der Deutschen Nationalbibliothek:

Die Deutsche Bibliothek verzeichnet diese Publikation in der Deutschen National-
bibliografie; detaillierte bibliografische Daten sind im Internet über http://dnb.d-
nb.de/ abrufbar.

Impressum:

Copyright © 2006 GRIN Verlag GmbH
Druck und Bindung: Books on Demand GmbH, Norderstedt Germany
ISBN: 978-3-640-70717-1

Dieses Buch bei GRIN:

http://www.grin.com/de/e-book/156545/die-suche-nach-leben-auf-dem-mars

Fragestellung

Die Suche nach Leben auf dem Mars ist von amerikanischen, europäischen und anderen Raumfahrtbehörden als ein Ziel des 21. Jahrhunderts erklärt worden.
Warum wird nach mikrobiellen Lebensformen gesucht und nicht nach Pflanzen oder Tieren?

Einleitung

Die einfachste Antwort auf diese Frage könnte lauten: Weil aufgrund der Umweltbedingungen auf dem Mars höheres Leben nicht möglich ist. Einzig und allein primitives Leben könne man sich mit einer bestimmten Wahrscheinlichkeit vorstellen. Unser Heimatplanet Erde ist bis jetzt der einzige Ort im Sonnensystem und auch im gesamten Universum, von dem man sicher weiß, dass hier Leben existiert. Doch das heißt nicht, dass Leben nicht auch anderswo entstanden sein könnte, wenn die Bedingungen dafür gegeben sind. Die wohl treffendste Veranschaulichung eines Standpunktes dieses Problems liefert das *Fermi-Paradoxon* des Physikers Enrico Fermi: „Da wir bislang keinerlei Anzeichen haben, dass die Galaxis Zivilisationen hervorgebracht hat, die zur Kolonisierung von fremden Planetensystemen in der Lage sind, gibt es sie offenbar nicht." Dieses Argument ist nicht stichhaltig, denn wenn man ins Mittelalter der Menschheitsgeschichte zurückblickt, dachte man damals genauso. (Priebsch, 2002) Man nahm an, die Erde sei eine Scheibe, man wusste nichts über fremde Völker, Länder und Kontinente und trotzdem gab es sie. Auch die Ureinwohner der entfernten Länder wussten ihrerseits nichts über die hoch entwickelten Völker der anderen Kontinente, bis zum Tag X, an dem sie von ihnen entdeckt und später unterworfen wurden. Dieses Szenario ist analog zu unserem heutigen Problem über extraterrestrische Lebensformen. Auch hier ist der Tag X anscheinend noch nicht gekommen. Eine interessante Frage wäre auch, ob wir Erdbewohner die hoch entwickelte Zivilisation oder doch eher die primitiven Ureinwohner darstellen. Doch die Wahrscheinlichkeit, dass bei den Abermilliarden von Galaxien im Universum (eine mittelgroße Galaxie wie unsere Milchstraße enthält wiederum an die 200 Milliarden Sternensysteme) auch andere Planeten mit günstigen Lebensbedingungen existieren und höheres Leben, ja sogar technische Zivilisationen hervorbringen können, ist laut Forscher Dr. Frank Drake sehr hoch. Er errechnete in seiner *Drake-Gleichung* einen Wert von einer (minimal) bis zu 20 Millionen (maximal) solcher Zivilisationen in einer Galaxie! (Wikipedia, 2006a)

Doch hier stellt sich schon die Frage: Was ist Leben und was ist zur Entstehung von Leben überhaupt notwendig? Die naturwissenschaftliche Definition von Leben besagt, dass es durch 1) Energie-, Stoff- und Informationsaustausch mit der Umwelt,
2) Wachstum,
3) Fortpflanzung,
4) Stoffwechsel und
5) Veränderung (Evolution) charakterisiert wird. (Fiebag, Sasse, 1996)
Allerdings findet man einige dieser Merkmale auch bei der unbelebten Welt (z.B. Feuer, dem seit antiker Zeit nachgesagt wird, lebendig zu sein) und auch die Viren stellen eine Sonderform, ein Zwischending zwischen belebter und unbelebter Materie dar, da sie keine der oben genannten Eigenschaften besitzen. (Wikipedia, 2006b;).

1980 veröffentlichten die beiden Wissenschaftler Shapiro und Feinberg eine Theorie, die drei absolut notwendige Bedingungen zur Entstehung von Leben formuliert:
1) Es muss ein Fluss freier Energie vorhanden sein (die universelle Energiewährung der Zelle Adenosintriphosphat ist jedem irdischen Lebewesen, vom Bakterium bis zum Menschen, existentiell).
2)Das Vorhandensein eines materiellen Systems, das mit der Energie interagiert.
3) Genug Zeit, um die Komplexität aufzubauen, die mit Leben verbunden ist.
Allerdings ist diese Theorie umstritten, da sie auch eine alternative Möglichkeit zur Lebensentstehung zulässt, die nicht an das Vorhandensein von Wasser geknüpft ist (Fiebag, Sasse, 1996b). Doch dazu später. Auf jeden Fall scheint es äußerst unwahrscheinlich, dass die Erde der einzige Ort im gesamten Universum sei, an dem die Entstehung von Leben möglich ist. Und wie zur Bestätigung liefert gleich unser Nachbarplanet, der Kriegsgott der Antike und Star zahlreicher Science-Fiction-Filme, den Gegenbeweis dafür.

Hauptteil

Bis in die 50er Jahre des letzten Jahrhunderts dachte man, dass auf dem Mars eine höher entwickelte Zivilisation beheimatet sei. Angefangen hatte es im 18. Jahrhundert, als man dunkle Flecken auf der Oberfläche des Planeten beobachtete, die ihr Farbe änderten und wuchsen oder schrumpften. Man hielt dies für Vegetationszonen, die sich mit den Jahreszeiten änderten. Erst knapp hundert Jahre später wurden sie als Vulkane identifiziert. Im Jahre 1877 entdeckte der damalige Direktor der Mailänder Sternwarte Giovanni Schiaparelli mit seinem Fernrohr auf der Marsoberfläche dünne Linien, die er als Flusskanäle deutete und auch folgerichtig *canali* nannte (im Italienischen für Graben). Er selbst nahm an, dass es sich um natürliche Systeme wie auf der Erde handelte und gab ihnen Namen wie *Ganges*, *Indus* usw. (Abb.1) In andere Sprachen übersetzt wurde aus *canali* statt Gräben fälschlicherweise Kanäle, was in der Folge als von Lebewesen geschaffene, künstliche Bauwerke interpretiert wurde. Die Öffentlichkeit war mit der Vorstellung von intelligenten Bewohnern auf dem Mars damals leicht zu faszinieren, der Pseudowissenschaftler und Hobbyastronom Percival Lowell festigte mit seinen drei um 1900 herausgegebenen Büchern über den Mars und seine möglichen Bewohner endgültig das Bild vom grünen Marsmenschen. Den Höhepunkt des Marsfiebers lieferte Orson Welles, als sein in den 1930er Jahren ausgestrahltes Radio-Hörspiel um eine Erdinvasion durch Marsmenschen „Kampf der Welten" (nach dem Roman von H.G. Wells) für bare Münze genommen wurde und in der Folge die Menschen panisch durch die Straßen liefen. (Fiebag, Sasse, 1996c; Lorenzen, 2004a; Wikipedia, 2006c) Erst mit dem Beginn des Raumfahrtzeitalters wurden die Spekulationen beendet. 1960 begann die Sowjetunion, Sonden zum Mars zu schicken. Nachdem mehr als ein dutzend Versuche erfolglos blieben, lieferte 1965, vier Jahre vor der ersten Mondlandung, die Sonde *Mariner 4* (USA) die ersten Nahaufnahmen des Planeten. Die 22 Bilder zeigten eine wüstenartige, mondähnliche Landschaft mit von Frösten bedeckten Kratern, die keinerlei Leben zu beherbergen scheint. In den folgenden Jahren wurden auch von der NASA weitere Sonden entsandt, die alle insgesamt mehr als tausend Bilder lieferten. Man war nun endgültig überzeugt, dass der Mars keine Heimat von intelligenten Lebewesen sein kann und betrachtete ihn nunmehr als eine tote Welt. (Wikipedia, 2006c)

Man wusste nun mehr als je zuvor über den Mars: 2 Monde, genannt *Phobos* und *Deimos*, umkreisen ihn. Er besitzt am Äquator etwa den halben Durchmesser der Erde (6794km), ein Viertel ihrer Oberfläche und ein Zehntel ihrer Masse. Die Fallbeschleunigung durch das Gravitationsfeld beträgt 3,71m/s^2, das sind etwa 40% der irdischen. Seine Oberflächentemperatur beträgt im Mittel 210 K (- 63°C), minimal (Polkappen im Winter) 150 K (- 123°C), maximal (Äquator zu Mittag) 297 K (24°C). Er rotiert in 24 Stunden und 34 Minuten um die eigene Achse und in 687 Tagen einmal um die Sonne. Da die Achse gegen die Bahn geneigt ist, gibt es Jahreszeiten, die jedoch doppelt so lang dauern wie auf der Erde. Sein Abstand von der Erde beträgt je nach Position von 55,7 Millionen km bis zu 401,3 Millionen km. Er besitzt eine äußerst dünne Atmosphäre, die zu 95% aus Kohlendioxid, 2,7% aus Stickstoff, 1,6% aus Argon und 0,13% aus Sauerstoff besteht. In Spuren finden sich noch Kohlenmonoxid, Wasser, Stickstoffmonoxid, Neon, Krypton, Xenon, Ozon und Methan. Der Atmosphärendruck beträgt 6,36 Millibar. Man weiß jedoch, dass der Mars vor Milliarden Jahren noch eine dichtere Atmosphäre und ein wärmeres Klima hatte. Der Grund für diesen Umsturz scheint im Verlust des Magnetfeldes zu liegen. Der Mars hatte früher eines - man nimmt an, dass es seit ca. 3 Milliarden Jahren verschwunden ist. Ohne dieses Magnetfeld wurde die Atmosphäre buchstäblich vom Sonnenwind verweht. Überhaupt scheint der Mars keine große Stabilität zu besitzen - die Atmosphäre und die Geologie befinden sich in ständiger Veränderung und auch seine Bahn schwankt. (Wikipedia, 2006c) Diese geringe Stabilität könnte, zusammen mit der kleinen Masse und Gravitation, beim Verlust des Magnetfeldes eine Rolle gespielt haben. Vielleicht liegt auch im Marskern ein Grund, denn der feste Eisenkern der Erde ist der Aufrechterhalter des irdischen Magnetfeldes. Doch trotz dieser scheinbar ungünstigen Umweltbedingungen ist der Mars nach der Erde noch der lebensfreundlichste Planet. Auf allen anderen Planeten des Sonnensystems, ausgenommen dem Jupitermond Europa, unter dessen globaler Wassereisschicht sich ein 90km tiefer Ozean aus flüssigem Wasser befinden könnte, ist Leben denkbar ausgeschlossen. (Wikipedia, 2006d)

Abb. 1: Mars und Erde im Größenvergleich (Fotomontage). In der Mitte des Mars sind die Mariner-Täler (die *canali*) und ganz links als braune Flecken die *Thesis*-Vulkane zu sehen.
Quelle: Wikipedia, Bild 2006a

In den 1970er Jahren landeten die US-amerikanischen *Viking* - Sonden auf dem Planeten und lieferten die ersten spektakulären Daten von Bodenproben. *Viking* 1 sendete 1976 die Bilder der *Cydonia* genannten Region, die dafür sorgten, dass die Spekulationen über marsianisches Leben wieder entfachten. Die Aufnahmen zeigten eine Formation, die einem menschlichen Gesicht ähnelt, das gen Himmel blickt sowie rechteckige und pyramidenähnliche Strukturen in der Nähe, was Anlass zur Vermutung gab, dies seien die Werke intelligenter Lebewesen.

Erst zwanzig Jahre später wurde durch Bilder der NASA-Mission *Mars Global Surveyor*, die eine viel höhere Auflösung lieferten, handfest bewiesen, dass es sich hierbei um das Ergebnis natürlicher Erosion handelt. Die Daten der Bodenproben lieferten erstmals Einblick in die Geologie und Atmosphäre des roten Planeten: Seine Farbe verdankt er dem Eisenoxid-Staub, der sich auf der Oberfläche und in der Atmosphäre verteilt hat. Die Bezeichnung *rostiger Planet* wäre eigentlich zutreffender. Weitere gefundene Bodenminerale sind Jarosit, das aus Eisen-, Schwefel- und Brom-Verbindungen besteht sowie Goethit ($FeO(OH)$). Hier offenbart sich schon der wichtigste Hinweis auf mögliches Leben: Das Vorkommen von Jarosit, Goethit und Eisenoxid deutet auf das ehemalige Vorhandensein von Wasser hin, denn nur durch dessen Einwirkung können diese Minerale gebildet werden. (Wikipedia, 2006c)

Zweiwertiges Eisen (Fe^{3+}) wird durch den Sauerstoff der Luft oder eben Wasser zu dreiwertigem Eisen(III)Oxid oxidiert (Fe_2O_3, oder auch bekannt als *Hämatit*). Auf der Erde geschah derartiges zum ersten Mal im Archäikum, vor ungefähr 2,5 Milliarden Jahren, also zu einer Zeit, in der der Sauerstoffgehalt der Erde durch die photosynthetische Aktivität von Cyanobakterien stetig anstieg. Der Sauerstoff reagierte mit dem gelösten zweiwertigen Eisen im Wasser und wurde dann als Hämatit ausgefällt, solange bis das Eisen in den Meeren verbraucht war. Diese gewaltigen Ablagerungen von Eisenoxidschichten sind auch als *Rotschichten* oder *Banded Iron Formations* (Abb.2, S.4) bekannt. Allerdings können einige Bakterien das Eisen auch direkt binden, ohne Photosynthese zu betreiben. Geschah derartiges auch auf dem Mars, in ähnlichen Dimensionen, sodass die Überbleibsel dieser Zeit jetzt den ganzen Planeten bedecken?

Abb. 2: Banded Iron Formations auf der Erde.
Quelle: Rotschichten, Bild 2005

Wenn man die Oberflächenstruktur des Planeten weiter betrachtet, sieht man hauptsächlich eine rotbraune, trockene Wüste, bestehend aus Gesteinsbrocken, Dünen, riesigen Schluchten und Canyons, gewaltigen Kratern und Bergen. Einer dieser Berge heißt *Olympus Mons*, der höchste Berg des Sonnensystems. Er ist 27 km hoch und beträgt 1000 km im Durchmesser. Auch der größte Canyon des Sonnensystems hat auf dem Mars seine Heimat: *Valles Marineris*, 4000km lang, 700 km breit und bis zu 7 km tief. Wie kamen diese gigantischen Systeme zustande? Könnte durch diese Canyons einmal Wasser geflossen sein?
Ebenfalls bemerkenswert sind die Polkappen des Mars. Sie bestehen zu einem Großteil aus einer gefrorenen Kohlendioxid-Schicht, darunter jedoch liegt eine weitere Schicht und zwar aus gefrorenem Wasser, wie durch Daten des *Mars Global Surveyor* belegt wird. Somit liegt die Annahme nahe, dass Wasser auf dem Mars existiert, und dieses ist immerhin die wichtigste Voraussetzung für die Entstehung von Leben. Durch die extrem dünne Atmosphäre und Windgeschwindigkeiten von bis zu 200 km/h ist die Existenz flüssigen Wassers auf der Planetenoberfläche nicht möglich, es würde sofort verdampfen und in die Atmosphäre entweichen. (Fiebag, Sasse, 1996d) Jedoch könnte Wasser in früherer Zeit auf der Oberfläche existiert haben. Flüssiges Wasser an der Oberfläche und somit auch Leben wäre möglich gewesen. Wenn wir Spuren von Leben auf dem Mars finden wollen, müssen wir also in der Vergangenheit suchen. Doch wohin ist das Wasser entschwunden? Es kann nur als Dampf in den Weltraum abgegeben worden sein, als, wie bereits erwähnt, vor langer Zeit Magnetfeld und Atmosphäre verloren gingen. Somit konnten Sonnenwinde die Oberfläche erodieren. Um die Entstehung vieler Strukturen, darunter auch die riesige Flussläufe, zu erklären, müsste es mindestens 7,5 Millionen Kubikkilometer Wasser auf dem Mars gegeben haben. Das entspräche etwa einem 160m tiefen, globalen Ozean. Eine plausible Erklärung, wie dieser zustande kam, besagt, dass das Wasser vorwiegend unterirdisch existierte und zum Teil als Eis im Boden gefroren war. Durch Klimaerwärmung, ausgelöst durch Meteoriteneinschläge und/oder Vulkanismus, schmolz es auf, die Gesteine wurden ausgehöhlt, der Boden stürzte ein und das Wasser schoss mit gewaltiger Kraft an die Oberfläche. Dies führte zur Bildung der großen Gräben. Ebenfalls eine Möglichkeit wäre, dass Bewegungen in den Polkappen zu basalem Polkappenschmelzen führte (analog einem Eiszeit-Ende der Erde) und gewaltige Wasserströme frei wurden, die den Boden durchgruben. (Fiebag, Sasse, 1996e; Lorenzen, 2004b)

Das Wasser ist also der entscheidende Punkt. Mit großer Wahrscheinlichkeit war es in der *Noachischen Periode* vorhanden, die sich über die erste Milliarde Jahre nach der Entstehung des Planeten erstreckte. Geologen vermuten, dass zu dieser Zeit der Mars enorm aktiv war, mit Plattentektonik und Vulkanismus, welcher für einen Treibhauseffekt sorgte und einem daraus resultierendem warmem und feuchtem Klima, einer dichten Atmosphäre mit endlosen Niederschlägen und der Bildung von Ozeanen. Wie auf der Erde regnete damals auf den Mars ein Asteroiden- und Kometenhagel ein, und Lavaströme gestalten die Oberfläche. Das stark verkraterte Hochland der Südhalbkugel und die Tiefebene der Nordhalbkugel, die einmal ein riesiger Ozean gewesen sein könnte, dürften aus dieser Epoche stammen. Daran schloss sich die *Hesperianische Periode* an, die die nächsten 500 Millionen bis 1,5 Milliarden Jahre dauerte. Der Vulkanismus und die geologischen Aktivitäten schwächten ab, doch Verformungen der Kruste führten dazu, dass sich das Wasser im Boden sammelte. Durch Meteoriteneinschläge schoss es hervor und bildete die Ausflusskanäle. Die daran folgende *Amazonische Periode* begann vor zwei bis drei

Milliarden Jahren und dauert bis heute an. Falls sich Leben auf dem Mars gebildet haben sollte, dann nur in den ersten zwei Epochen. (Lorenzen, 2004c)

Wie schon am Anfang durch das Fermi-Paradoxon erwähnt, nur weil wir bis jetzt noch kein Leben auf dem Mars nachweisen konnten, heißt das nicht, dass es nicht vorhanden ist.
Eines weiß man jedoch mit Gewissheit: Höheres, vielzelliges Leben ist auf dem Mars nicht möglich! Dazu ist die Atmosphäre in Druck und Zusammensetzung zu toxisch und die durchdringende UV-Strahlung viel zu zerstörerisch. Falls Leben existiert, dann nur in Nischen oder unter dem Boden. Und auch das wäre gar nicht so unwahrscheinlich: Es ist bekannt, dass in der Antarktis bei Temperaturen von bis zu − 60°C Mikroben und Algen kleine Poren in Steinen besiedelt haben. Diese bieten einen Schutz gegen die hohen Windgeschwindigkeiten und die tödliche UV-Strahlung, also ähnliche Bedingungen wie auf dem Mars! Interessanter wird das Ganze noch, wenn man bedenkt, dass die Antarktis sich vor 40 Millionen Jahren noch in tropischer Position befand und reich an Leben war. Davon zeugen viele Fossilien von ausgestorbenen Sauriern und Säugetieren. Als die Antarktis schließlich zum Südpol driftete, wurde sie immer lebensfeindlicher und die höheren, unangepassteren Organismen starben aus. Doch die Mikroben, Pilze, Algen und Flechten bildeten die letzten Vorposten und zogen sich in die Steinspalten zurück (Fiebag, Sasse, 1996f). Auch wenn es hier bemerkenswerte Analogien zur Antarktis gibt, Fossilien von Pflanzen und Tieren darf man sich auf dem Mars nicht erwarten. Auch wenn einmal Wasser in großen Mengen vorhanden war und das Klima viel bessere Bedingungen bot, ist die Entstehung von vielzelligem Leben auch unter optimalen Bedingungen sehr unwahrscheinlich und scheint eher dem Zufall als bestimmten Voraussetzungen unterworfen zu sein.

Da Erde und Mars in ihrer Entwicklung fast gleich waren, scheint ein Vergleich angebracht zu sein, um diese Fragestellung zu veranschaulichen. Beide bildeten sich vor ungefähr 4,5 Milliarden Jahren aus präsolarem Staub, verdichteten sich durch Gravitation und waren in ihrer Anfangszeit einem wahren Meteoritenhagel ausgesetzt. Dadurch wurde Kohlenstoff-reiches, präbiotisches Material angehäuft, aus denen letztlich alle bekannten Organismen zusammengesetzt sind. Den Beweis hierfür erbrachte übrigens der auf die Erde gestürzte Meteorit *EETA 79001*: In diesem 1,1 Milliarden Jahre alten Gestein fanden sich $CaCO_3$, $CaSO_4$, Mg, P, N, ^{12}C und auch Aminosäuren - alles wichtige Faktoren in einem biologischen System. (Fiebag, Sasse, 1996g)
Durch langandauernde vulkanische Aktivität konnte sich eine Atmosphäre aus CO_2, H_2O, CH_4, H_2S, NH_3, CO, H_2 und einigen Edelgasen bilden. Außer Wasser also alles lebensfeindliche Gase, deren Elemente Kohlenstoff, Wasserstoff, Sauerstoff, Stickstoff und Schwefel, jedoch die Bausteine für organische Moleküle sind, aus denen alles Lebendige besteht! Durch den Niederschlag flüssigen Wassers und die Bildung von Ozeanen ist somit die Voraussetzung für die Evolution des Lebens gegeben. Auf der Erde entwickelte es sich schon relativ bald. Die chemische und molekulare Evolution setzte sich in Gang, elektrische Entladungen wie Blitze lieferten die Energie für Reaktionen der organischen Moleküle untereinander (wie Stanley Miller in seinem Experiment 1953 bewies). So könnten sich zum Beispiel die ersten Nukleinsäuren aus mehreren Reaktionsschritten von Blausäure (HCN) untereinander gebildet haben. Aus der Reaktion von Essigsäure mit Stickstoff aus Ammoniak bildeten sich die ersten Aminosäuren. (Kehse, 2004) Des Weiteren bildeten sich Nukleinsäuren, Fettsäuren, Zucker und Basen und verknüpften sich zu

Makromolekülen wie Proteinen, Kohlehydraten und Fetten. Diese Vorgänge erstreckten sich über einen sehr langen Zeitraum von mehreren hundert Millionen Jahren, kamen zwischenzeitlich durch gewaltige Meteoritenhagel und kochende Ozeane wieder zum Abbruch und formierten sich irgendwann wieder neu. Nachdem sich ein primitiver Stoffwechsel aus Energieaufnahme- und abgabe und der dabei stattfindenden Modifikation von Zuckern und Eiweißen durchsetzen konnte, bildete sich letztendlich das, was das Leben noch brauchte, um zu funktionieren: Membranvesikel aus Fetten, den Phospholipiden, die die Zellvorgänge von der Umwelt abschirmen sowie ein selbstreplizierendes und katalytisches System - die Ribonukleinsäure (RNA), ein Molekül bestehend aus vier Nukleinsäure-Basen (Adenin, Guanin, Cytosin, Uracil) , der Zuckerart Ribose und der Phosphorsäure aus dem Meerwasser. Die RNA hat die Fähigkeit, bestimmte Proteine, sogenannte Enzyme herzustellen, welche ihr wiederum helfen, sich selbst zu vervielfältigen. Die Abfolge der Basen hat dabei die Funktion eines Codes, bei dem je 3 Basen bestimmen, welche Aminosäure in das Protein eingebaut wird. Lange Zeit später entsteht durch die Modifikation einer der vier Basen- Thymin statt Uracil- und den Verlust eines Sauerstoffatoms an der Ribose die stabilere, doppelsträngige Desoxyribonukleinsäure, kurz DNA. Diese hat jetzt nur noch die Aufgabe, als Speicher des genetischen Codes zu fungieren, den die Boten- und Transkriptions- RNA- Moleküle in die Reihenfolge der Aminosäuren übersetzen und somit die Form und Funktion des Proteins bestimmen. Kommt es zu einem Fehler im Gencode (Mutation), ändert sich auch das Protein, was in dieser Phase der Lebensentstehung aber keine nachteiligen Folgen hatte, sondern die Entwicklung immer vielfältigerer und leistungsfähigerer Enzyme förderte (Fiebag, Sasse, 1996h; Kehse, 2004). Der Astronom Fred Hoyle, auch ein Verfechter der Panspermie - Theorie, bemerkte in diesem Zusammenhang, dass die spontane Entstehung einer Zelle aus Molekülen genauso wahrscheinlich sei, wie der zufällige Zusammenbau eines Jumbojets aus dessen Einzelteilen auf einem Schrottplatz, wenn ein Wirbelwind darüber fegt (Jacobi, 2004). So jedenfalls entstanden die ersten Protozellen, welche schließlich die Vorläufer aller heutigen bekannten Reiche des Lebens waren - den Archaebakterien, den Prokaryoten, zu denen die Echten Bakterien gehören und den Eukaryoten, zu denen auch alle Pflanzen und Tiere zählen. Es dürfte nicht unwahrscheinlich sein, dass bis zu diesem Zeitpunkt die Entwicklung auf der Erde und dem Mars in ähnlicher Form geschah. Nachdem der Bioreaktor in Gang gesetzt wurde, verbreitete er sich allmählich über den Planeten und pflanzte sich fort, durch Zellteilungen oder später durch Genaustausch, auch bekannt als Sex. Jedoch kam das Leben über lange Zeit nicht über dieses Stadium hinaus. Über 3 Milliarden Jahre dümpelte es in den Ozeanen in Form von primitiven und höher entwickelten Einzellern vor sich hin - ohne große Chance auf Weiterentwicklung. Doch dann, vor 500 Millionen Jahren, geschah auf der Erde etwas derart Außergewöhnliches, dass es den Wissenschaftlern immer noch große Rätsel aufgibt: Erst 3,5 Milliarden Jahre nach seiner Entstehung entstand zum ersten Mal vielzelliges, höheres Leben. Man spricht hier auch von der *Kambrischen Explosion*, da in der Epoche des Kambrium erstmals alle heutigen Tierstämme mit einem Schlag vertreten waren. Man fand sogar Fossilien von Tieren, deren Formen bizarr, beinahe schon außerirdisch anmuten wie z.B. *Hallucigenia* oder die *Ediacara* - Lebewesen, die aber bald wieder ausstarben (Abb.4 und 5, S.8). Offenbar befand sich die Natur hier noch in ihrer Experimentierphase, und die weniger erfolgreichen Formen verschwanden wieder. Übrig blieben die, die sich bis zum heutigen Tag durchsetzen konnten. Natürlich schaltete die Evolution danach wieder einen Gang zurück, und es dauerte nochmals einige hunderte Millionen Jahre bis die ersten Pflanzen und schließlich auch die

Tiere das Land erobern konnten. Doch dass etwas Derartiges geschah, gibt immer noch große Rätsel auf, ob dies unter bestimmten Voraussetzungen geschah oder einfach nur Zufall ist. Eine einleuchtende Erklärung wäre der Sauerstoffgehalt, der seit dem Auftauchen der photosynthetisch aktiven Cyanobakterien vor 2,5 Milliarden Jahren stetig anstieg und von diesen als Abfallprodukt ausgeschieden wurde. Einst war er ein aggressives Zellgift, und auch noch heute ist er verantwortlich für Oxidationsprozesse wie das Altern. Einige überlebende Prokaryoten jedoch verstanden es mit der Zeit sich durch zelluläre Umbauten vor dem Sauerstoff zu schützen, ihn abzubauen und ihn gemeinsam mit Kohlenstoff als Kohlendioxid freizusetzen, das zur Nahrungsgrundlage für die Photosynthesetreibenden wurde. Der Kreislauf Photosynthese - Atmung bzw. Pflanze – Tier begann, der in weiterer Folge als Grundlage für alle sich entwickelnden Vielzeller wurde und heute immer noch unentbehrlich ist. Die aeroben Prokaryoten gingen eine Symbiose mit den anaeroben Prokaryoten ein und bildeten den ersten Eukaryoten – die zur Zellatmung befähigte Tierzelle mit Zellkern und Organellen war geboren und die einverleibte, aerobe Mikrobe ist heute bekannt als *Mitochondrium*, die Energiefabrik der Zelle. Ebensolcher aerober Eukaryot ging 500 Millionen Jahre später zusätzlich eine Symbiose mit den Cyanobakterien ein – die Geburt der ersten Pflanzenzelle, das Cyanobakterium wird zum *Chloroplasten*, und der Sauerstoffgehalt der Erde stieg weiterhin stetig an, bis er in noch einmal 1 Milliarde Jahre die Existenz der ersten Vielzeller ermöglichte (Abb.3, S.7). Dies geschah natürlich über Zwischenstufen von Zellkolonien wie der Grünalge *Volvox*, die durch die Erfindung der Zellspezialisierung und den Zelltod einen riesigen evolutionären Sprung darstellt. (Abb.6, S.8) Der Sauerstoff wird zudem in der Stratosphäre von der kurzwelligen UV-Strahlung gespalten, als Folge entsteht Ozon, welches das Leben vor der Strahlung schützt (Kehse, Rademacher, 2004; Engeln, 2004).

Es ist verständlich, dass sich manche hier von der Evolutionstheorie abwenden und Zuflucht in der bequemeren Bibel-Variante suchen. Doch es fand statt - die Fossilien sind die Zeugen der Zeit. Und eines ist ebenso klar: Auf dem Mars hat es etwas wie die *Kambrische Explosion* mit Sicherheit nie gegeben, dafür war der benötigte Sauerstoffgehalt zu gering und es fehlten die günstigen Bedingungen der Erde, die das ermöglichten. Somit scheint auch der letzte Funken Hoffnung auf höher entwickeltes, marsianisches Leben zu erlöschen.

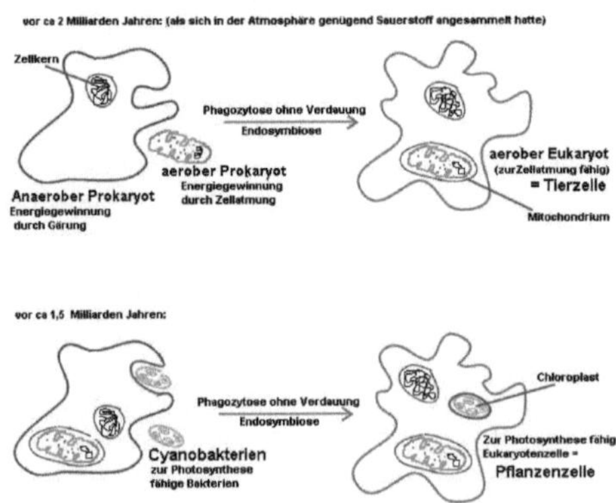

Abb. 3: Die Vorgänge der Endosymbiose:
Oben die Entstehung der heutigen Tierzelle, unten die der Pflanzenzelle.
Quelle: Endosymbiose, Bild 1992

Abb.4 : Die eigentümliche Ediacara-Fauna des Kambriums
Quelle: Uni Tartu, Bild 2003

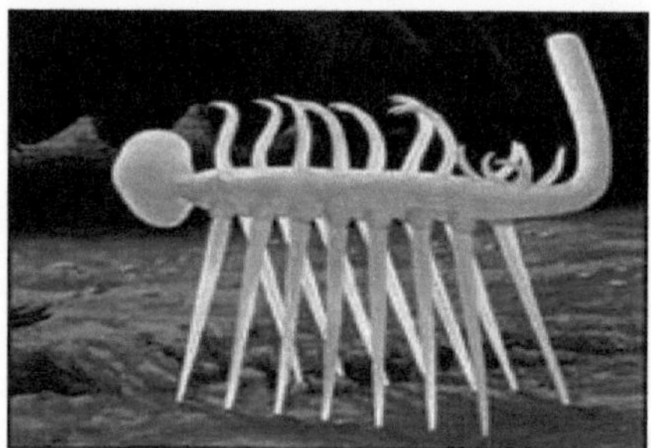

Abb. 5: Graphische Rekonstruktion von Hallucigenia aus dem Kambrium
Quelle: Dharma Haven, Bild 2000

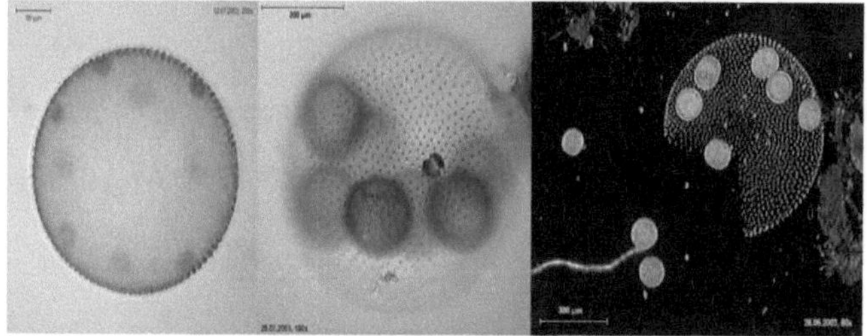

Abb. 6: Volvox aureus
Quelle: Wikipedia Bild 2006b

Dennoch - auch wenn die Bedingungen noch so unwirtlich erscheinen, das Leben ist
in der Lage, auch die extremsten Umstände zu ertragen, sogar ohne Wasser und

Sauerstoff. Dies beweisen vor allem die *Archaea*, die neben den Pro- und Eukaryoten, das dritte große Reich der Lebewesen darstellen (Abb.7, S.9). Erwähnenswert ist auch, dass Archaea im Stoffwechsel und der Proteinsynthese Eigenschaften sowohl von Prokaryoten als auch Eukaryoten besitzen und somit ein Mittelding zwischen beiden darstellen. Sie besiedeln auf der Erde Gegenden, die für jedes andere Geschöpf tödlich sind und fühlen sich erst unter Extrembedingungen so richtig wohl. Bei 110°C in Vulkanen und Geysiren (thermophile) oder bei −30°C in Permafrostböden (kryptophile), in extrem saurer Umgebung (acidophile), bei 30% Salzgehalt (halophile), bei 0,1%igem Wassergehalt (xerophile) oder in der Tiefsee bei einem Druck von 200 bar und ohne jegliches Licht. Einige halten sogar radioaktive Strahlung aus. Am interessantesten sind jedoch diejenigen, die in der Tiefsee in der Nähe von hydrothermalen Quellen, sogenannten *Black Smokern,* hausen. Diese Schlote stoßen eine heiße, ätzende Flüssigkeit aus dem Erdinneren, reich an Dämpfen und Mineralien wie z.B. Wasserstoff, Ammoniak (NH_3) und Schwefelwasserstoff (H_2S) in den kalten Ozean, wodurch sich das Wasser sofort erwärmt und die Dämpfe abkühlen und schwarz erscheinen. Die *Black Smoker* entstanden durch Risse in der Erdkruste, wodurch das Meerwasser eindringen konnte und mit den heißen Gasen wieder ausgestoßen wurde. H_2S reagierte mit den im Wasser gelösten Metallen zu Metallsulfiden, sank auf den Grund und bildete die „schwarzen Schornsteine". Die Metallsulfide könnten aber auch noch eine andere Funktion gehabt haben: Eisensulfid (FeS) etwa, könnte als Vorläufer der Zellmembran gedient haben, als sich im heißen Ozeanwasser Bläschen mit einer Haut aus FeS bildeten, die das innere vor dem äußeren Milieu schützten und zudem noch als Katalysator für die Reaktionen diente. (Kehse, 2004) Der Geologe Michael Russell und der Biologe William Martin stellten die Theorie auf, dass das Leben auf der Erde in dieser unwirtlichen Umgebung seinen Ursprung hat. Im Schutz der *Black Smoker* könnten sich die ersten Protozellen gebildet und ihre Energie chemolithotroph durch die Reduktion von $FeS + H_2S \rightarrow FeS_2 + 2\ H^+$ gewonnen haben. Auch eine wichtige Rolle könnte Thioester, eine Verbindung aus S, C, H, O, gehabt haben, der in saurer und heißer Umgebung als Auslöser einer chemischen Kettenreaktion fungiert und in Form der aktivierten Essigsäure im Citratzyklus der Zelle eine wichtige biochemische Rolle bei den Eukaryoten spielt. Über die weiteren Zwischenschritte (siehe S.6) könnten sich aus diesen Urzellen dann die Archaea entwickelt haben und diese traten dann in der für uns lebensfeindlichen Tiefsee als erste Lebewesen der Erde in Erscheinung. Hier könnten sie auch, da ja an Extreme angepasst, die Lebensbedingungen der frühen Erde überstanden haben. Mit Erfolg, wie man sieht, denn auch durch die Evolution sind sie bis heute kaum verändert worden. Aus einer Linie der Archaea gingen dann die Prokaryoten, aus dieser dann weiter die Eukaryoten hervor. Und angesichts dieser Erkenntnisse könnten auch auf dem Mars Archaea oder ähnliche Mikroben gelebt haben - oder sogar noch leben! (Fiebag, Sasse, 1996i; Kehse, 2004; Lorenzen, 2004d)

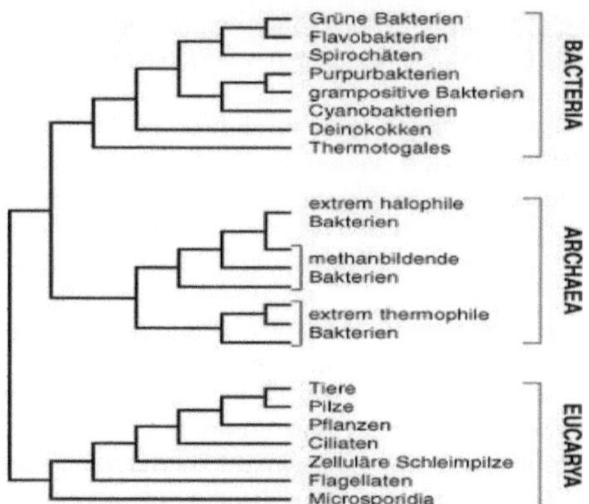

Abb.7: Molekularer (phylogenetischer) Stammbaum der Prokaryoten – Eubakterien (Bacteria) und Archaebakterien (Archaea) – und der Eukaryoten (Eucarya), hauptsächlich nach Ähnlichkeit in der 5S- und 16S-rRNA
Quelle: Wissenschaft- Online Bild 2006

Was für diese Behauptung spricht, ist eine Entdeckung der ESA-Sonde *Mars Express* aus dem Jahr 2004. Mittels integriertem *Planetaren Fourier Spektrometer* entdeckte sie eine ungewöhnlich hohe Konzentration von Methan (CH_4) in der Marsatmosphäre. Methan –auch Sumpfgas genannt- wird auf der Erde vor allem wegen seiner Bedeutung als Heizgas geschätzt, ist es doch Hauptbestandteil von Erdgas und Biogas und neben Kohlendioxid das wichtigste Treibhausgas. Gebildet wird es zum einen durch geologische Aktivitäten wie Vulkanismus oder auch durch den Einschlag von Meteoriten, und zum anderen durch biologische Aktivitäten der sogenannten *Methanogenen* oder Methanbildner - die zum Reich der altbekannten *Archaea* gehören. (Wikipedia, 2006e) Diese spalten unter anaeroben Bedingungen in einer Abfolge von verschiedenen Reaktionen organische Moleküle unter anderem in Methan und Kohlendioxid auf. Auch in Grönland, in 3km tiefem Packeis und in unterseeischen Sedimenten, die weit unter dem Meeresgrund liegen und bis zu 16 Millionen Jahre alt sind, wurden quicklebendige Methanbakterien gefunden, die ohne Probleme auch auf dem Mars überleben könnten. In der Atmosphäre kann sich Methan maximal bis zu 600 Jahren halten, was auch die Möglichkeit von Meteoriteneinschlägen und Vulkanen zur Entstehung zuließe, vor allem, da vor kurzem ein junges, höchstwahrscheinlich aktives Vulkangebiet in der Nordpolregion des Mars entdeckt wurde. Auch dies stellt eine Sensation dar, war man doch bis dahin davon ausgegangen, dass die Vulkane des Mars seit mindestens 100 Millionen Jahren erloschen seien. Doch im Jahre 2005 verkündete der italienische Forscher Vittorio Formisano, er habe durch den *Fourier Spektrometer* auch Formaldehyd in der Atmosphäre entdeckt. Dieses Gas ist ein Zerfallsprodukt von Methan und kann sich nur 7,5 Stunden in der Marsatmosphäre halten, was wiederum bedeutet, dass es einen ständigen Nachschub an Methan geben muss, der unmöglich von geologischen Aktivitäten kommen kann. Außerdem errechnete Formisano, dass jährlich 2,5 Millionen Tonnen Methan auf dem Mars produziert werden und davon nur etwa 100.000 Tonnen auf Vulkanismus oder Meteoriteneinschläge entfallen. Ebenso wurden die höchsten Methankonzentrationen in jenen Regionen gefunden, die auch den höchsten Anteil an Wasserdampf enthalten, und genau dort werden auch Methan produzierende Bakterien im Marsboden vermutet. (Zaun, 2005; European

Space Agency, 2005; ZDFheute, 2004) Doch Kritiker sehen dies immer noch nicht als schlüssigen Beweis für das Vorhandensein von Leben auf dem roten Planeten.

Jedoch hat dies bereits Tradition: Schon im Jahre 1976 wurde den anfangs bereits schon erwähnten NASA Sonden *Viking* I und II ein Minilabor mit auf den Weg gegeben, mit dem beide unabhängig voneinander, an zwei völlig verschiedenen Orten- *Viking 1* in *Chryse Planitia* und *Viking II* in *Utopia Planitia* – ein Experiment zum Nachweis von Leben durchführten. Es bestand aus 3 unterschiedlichen Analyseverfahren:
- *Das Gasaustausch-Experiment:* Mithilfe eines Massenspektrometers wurde untersucht, ob mögliche Mikroben als Stoffwechselprodukt CO_2, H_2, N_2, CH_4 oder O_2 abgeben. Dabei wurde das Verfahren einmal mit und einmal ohne die Zugabe einer Nährlösung von Aminosäuren, Salzen und Vitaminen durchgeführt. Leben hätte als nachgewiesen gegolten, wenn das Experiment in beiden Fällen positiv und dann nach einer Erhitzung auf 160°C (um alle Organismen abzutöten) negativ verlaufen wäre.
- *Das Photosynthese-Experiment:* Hier sollte untersucht werden, ob und inwieweit sich die im Boden befindlichen Gase photosynthetisch verändern. Dazu wurden die Proben in drei Inkubationskammern fünf Tage lang mit radioaktivem CO und CO_2 versetzt und sowohl trocken als auch feucht einmal mit und einmal ohne zusätzlicher Bestrahlung einer Xenon-Lampe Licht und Wärme ausgesetzt. Danach wurde das CO_2 entfernt und die Proben auf 120°C, 625°C und 700°C erhitzt. Biologische Aktivität hätte als nachgewiesen gegolten, wenn bei diesen Temperaturen immer noch ^{14}C – Kohlenstoff freigesetzt worden wäre.
- *Das Stoffwechsel-Experiment:* Hier wurde radioaktiv markierter Kohlenstoff einer Nährlösung beigegeben, vorhandene Organismen hätten diesen im Rahmen ihrer „Verdauung" wieder ausscheiden sollen. Das Experiment lief zwölf Tage, der Gehalt anausgeschiedenem, radioaktivem Kohlenstoff wäre am Anfang Null gewesen und dann stetig angestiegen, um sich dann auf einem bestimmten Niveau zu halten. (Fiebag, Sasse, 1996j)

Die Ergebnisse der *Viking*- Messung sorgten für Verwirrung. Denn auf beiden Landestellen verliefen die ersten beiden Messungen negativ, nur das Stoffwechsel-Experiment verlief an beiden Orten positiv. Ursprünglich wurde von den beteiligten Wissenschaftlern verlautbart, dass jedes Experiment für sich allein den Nachweis auf Leben bringen sollte. Nur unter dieser Bedingung wurden die drei Versuche überhaupt akzeptiert. Niemals wurde im Vorfeld behauptet, dass alle drei zusammen den Nachweis erbringen sollten. Doch genauso wurde es später gehandhabt, kaum waren die Ergebnisse auf dem Tisch. Die gesamte Testfolge wurde somit als negativ deklariert und das positive Resultat des Stoffwechsel-Experiments wurde als Folge einer exotischen Chemie, von der wir bislang noch nichts wissen und von verschiedenen chemisch-mineralogischen Tricks erklärt. Ebenfalls wurde die Behauptung aufgestellt, dass mögliche Mars-Lebewesen eine andere Biochemie haben und demzufolge nicht auf die Versuche reagierten (Fiebag, Sasse, 1996j). Allerdings wurde vor ein paar Jahren mit dem baugleichen Gaschromatographen der *Viking*-Missionen in der Atacama - Wüste von Chile, die als extrem lebensfeindlich und steril gilt und eine Ähnlichkeit mit der Marsoberfläche aufweist, die Photosynthese und Gasaustausch-Experimente von damals wiederholt. Dabei wies das Gerät organisches Material nur in Bodenproben nach, die mindestens eine Million Bakterien pro Gramm Erde enthielt. Somit kann die Schlussfolgerung aufgestellt werden, dass einerseits der Marsboden eine zu geringe Konzentration an

Bakterien aufwies und andererseits die Messgeräte von damals noch nicht empfindlich genug waren, um eine derartige Konzentration nachzuweisen. Bei einer der Atacama - Wüste entdeckten Bakterienspezies handelt es sich übrigens um *Deinococcus radiodurans,* die in der Lage ist, ihre durch Strahlung und Trockenheit geschädigte DNA wieder zu reparieren. (Lorenzen, 2004e; Ruder, 2003)
Doch auch nach diesen Erkenntnissen wagen die Wissenschaftler immer noch nicht zuzugeben, dass die *Viking* - Experimente der 70er Jahre eindeutig waren.

Noch ein Beispiel: *ALH84001*, ein Meteorit vom Mars, 2kg schwer, so groß wie ein Schuhkarton und gefunden von Dr. Roberta Score und ihrem Team in den Allen Hills der Antarktis im Jahre 1984. Zehn Jahre später kam die Erkenntnis, dass er vom Mars stammt, womit er bis jetzt der zwölfte ist. Wieder zwei Jahre später, im Jahre 1996, wurde eine Pressekonferenz abgehalten, bei der erstmals öffentlich verkündet wurde, dass es sich um vulkanisches, ungefähr 1,1- 1,3 Milliarden Jahre altes Planetengestein vom Mars handelt. Damit reiht sich *ALH84001* in die Gruppe der *SNC-Meteoriten*, die nach den ersten Fundorten *Shergotty* (Indien), *Nakhla* (Ägypten) und *Chassigny* (Frankreich) benannt wurden und vulkanische Marsmeteoriten bezeichnen, die jünger als alle anderen bekannten Meteoriten sind und in winzigen Luftbläschen Einschlüsse von Gasen enthalten, die ident mit der Atmosphäre des Mars sind. Bemerkenswert an *ALH84001* ist vor allem, dass er Tone und Eisenoxide enthält, die nur durch die Einwirkung von Wasser möglich sind. Ebenso enthält er zu 1% Kalzit ($CaCO_3$), was auf eine organische Aktivität zurückzuführen sein kann. Auf der Erde oxidieren Mikroorganismen $Ca(OH)_2$ mit CO_2 aus Luft und Wasser zu $CaCO_3 + H_2O$. Es entstehen als „Ausscheidungsprodukt" Panzer und Skelette von Tieren sowie Ablagerungsgesteine und ganze Gebirge. $CaCO_3$ kann jedoch auch durch chemische Ausfällung gebildet werden und Kalzium mit Hydrogencarbonat reagieren, nach der Gleichung: $Ca^{2+} + 2HCO_3^- \Leftrightarrow CaCO_3 + CO_2 + H_2O$ (das Gleichgewicht ist auf der rechten Seite). Das wirklich Bahnbrechende an dieser Entdeckung ist jedoch, dass in mikrometergroßen $CaCO_3$ - Kügelchen bakterienartige, wurmförmige Strukturen gefunden wurden, die eine große Ähnlichkeit mit irdischen Nanobakterien aufweisen (Abb.8, S.11). Auch hier meldeten sich sofort Skeptiker zu Worte, wie der Deutsche Dr. Gerhard Schimmel, und verkündeten, dass als notwendigen Beweis die Zellwände fehlen und auch eine anorganische Möglichkeit in Betracht gezogen werden müsse. Die bakterienartigen Objekte könnten genauso gut ein Auslaugungsprodukt von Aragonit sein (eine Modifikationsform von Kalzit), welches *Eisenblüte* genannt wird und eine organische Ähnlichkeit aufweise. Auch Verwitterungen der Karbonatglobulen, getrockneter Ton und Verunreinigungen durch die Untersuchung wurden vermutet, die jedoch alle durch Kontrolluntersuchungen ausgeschlossen werden können. Hier scheint die biogene Möglichkeit wahrscheinlicher, da auch Magnetitkristalle in den Globulen gefunden wurden, deren Struktur ident mit den Ausscheidungen irdischer Bakterien sind. Magnetit wird außerdem von den irdischen Bakterien als eine Art Kompass verwendet, mit welchem sie sich am Magnetfeld der Erde orientieren. Zusätzlich wurden im Inneren von *ALH84001* von dem US-Forscher David Mackay organische Moleküle, sogenannte *Polyzyklische Aromatische Kohlenwasserstoffe* (PAHs) entdeckt. Diese Stoffgruppe besteht aus mindestens zwei miteinander verbundenen Benzolringen und kann ebenso sowohl organisch als auch rein abiotisch gebildet werden. Doch auch hier scheint der organische Ursprung wahrscheinlicher. Zum einen wurden die PAHs nicht an der Oberfläche oder unter der Außenkruste des Gesteins gefunden, sondern im Inneren - wobei die höchste Konzentration im Inneren der Globulen gefunden wurde. Stellt sich die Frage: Wie kommen sie dorthin, wenn nicht durch die Aktivität von Mikroorganismen? Zum anderen sind sie viel einfacher zusammengesetzt als abiotische PAHs, genauso, wie einfach aufgebaute Mikroben sie bei ihrem Zerfall hinterlassen würden. Die Analyse durch den Massenspektrometer ergab Aromaten aus drei bis sechs Molekülringen und atomaren Masseneinheiten zwischen 178 und 276, zu denen z.B. Phenantren, Pyren, Perylen, Anthanthrazen, Benzopyren oder Chrysen gehören, was eindeutig auf einen organischen Ursprung hinweist. Auch ein Kontrollexperiment wurde durchgeführt, wobei andere Marsmeteoriten auf die Anwesenheit von PAHs untersucht wurden. Es wurde nichts gefunden, womit eine abiotische Entstehung oder irdische Verunreinigung ausgeschlossen werden kann. Vom Chemiker Dr. Clark Chapman wurde außerdem eine Messung der Verhältnisse der Kohlenstoffisotope $^{12}C : ^{13}C$ durchgeführt, welches bei Lebewesen zugunsten von ^{12}C liegt sowie eine Messung der Schwefelisotope $^{32}S : ^{34}S$, wobei Bakterien an ^{34}S verarmt sind. Die Ergebnisse waren beide positiv. (Fiebag, Sasse, 1996k)

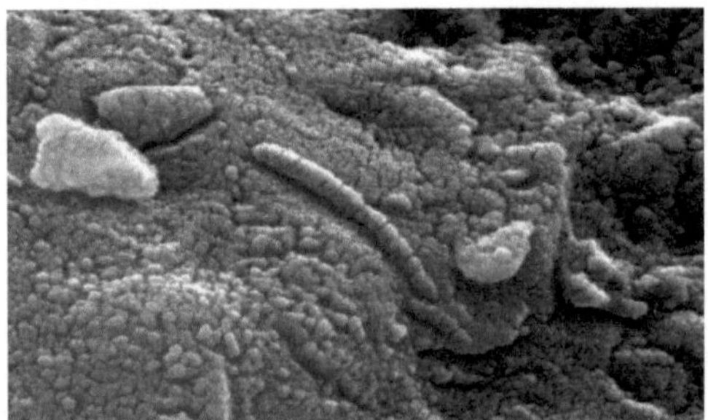

Abb. 8.: Bakterienartige Strukturen und Magnetitkkügelchen in ALH84001
Quelle: Astronomie.de Bild 2003

Soweit die bisherigen Erkenntnisse. Doch die Suche geht weiter. Bis zum Jahre 2002 waren von insgesamt 33 Missionen nur 8 erfolgreich, allesamt US-amerikanisch, was dem Mars auch den Spitznamen *Raumsondenfriedhof* einbrachte. 2004 landete die Sonde *Spirit* auf der Marsoberfläche, die seitdem unermüdlich Gesteinsproben sammelt und die Suche nach Spuren von ehemals vorhandenem Wasser fortsetzt. Im selben Jahr lieferte die Sonde *Opportunity* den Beweis, dass der Mars vor langer Zeit warm und feucht war, was als „Durchbruch des Jahres" gefeiert wurde. 2005 fand die ESA-Sonde *Mars Express* unter der Oberfläche von *Chryse Planitia* ein 250 km großes Eisfeld und eine Wassereisschicht am Nordpol (Abb.9 und 10, S.12). Am 10.3. 2006 landete *Mars Reconnaissance Orbiter* mit hochauflösenden Kameras, um den Planeten für spätere Missionen zu kartografieren. Außerdem soll sie als Hochgeschwindigkeitskommunikationsschnittstelle für zukünftige Projekte zwischen Mars und Erde dienen. Geplante Missionen sind unter anderem *Phoenix*, die 2008 in der Nähe des Mars-Nordpols landen wird und das russische Projekt *Fobos-Grunt*, das 2009 Bodenproben vom Mond *Phobos* entnehmen soll. Ebenso sollen in den Jahren 2011 und 2016 zwei Rover-Missionen, *Mars Science Laboratory* der NASA und *ExoMars* der ESA, geologische und biologische Untersuchungen in großem Umfang durchführen. Doch die endgültige Antwort auf die brennende Frage nach Leben wird wohl nur eine bemannte Mission liefern können. Dass langfristige Anstrengungen zu ebensolcher bereits im Gange sind, kündigte Präsident Bush bereits im Jahr 2004 an. Doch ein solches Projekt kann wohl nur unter Zusammenarbeit von mehreren Staaten verwirklicht werden, aufgrund der hohen finanziellen und technischen Mittel, die zur Vorbereitung und Durchführung notwendig sind. Auch die Frage nach der psychischen und physischen Belastbarkeit der Raumfahrer steht dabei im Mittelpunkt und ist alles andere als einfach zu bewältigen, da die Gesamtdauer einer Marsexpedition nicht kürzer als drei Jahre dauern wird. Frühestens im Jahre 2030 soll eine Lösung für die Probleme vorliegen, kündigte das europäische Marsprogramm *Aurora* an.

Ebenso existieren schon Pläne für eine Startkolonialisierung und Terraforming, um den Planeten lebensfreundlicher zu machen. Dazu müsste die Atmosphäre mit Treibhausgasen angereichert werden, um sie dichter und wärmer zu machen, die Masse müsste vergrößert werden, um eine entsprechende Gravitation zu erzeugen, die kosmische Strahlung verringert und durch massive Besiedelung mit photosynthetischen Cyanobakterien und Grünalgen der Sauerstoffgehalt erhöht werden. (Wikipedia, 2006c)

Stellt sich bei all dem die Frage: Wozu das alles? Der Raumfahrtpionier Wernher von Braun hatte dafür die passende Antwort parat: „Weil es die Bestimmung des Menschen ist, zu streben, zu suchen und zu finden." (Fiebag, Sasse, 1996l) Und tatsächlich, wenn wir in den nächsten Jahrzehnten weiterhin derart massiven und masslosen Raubbau, Zerstörung, Ausrottung und Verschmutzung mit unserem Heimatplaneten betreiben, ist es nur noch eine Frage der Zeit, bis wir uns eine neue Heimat suchen müssen, wenn wir den Fortbestand der Spezies Mensch sicherstellen wollen.

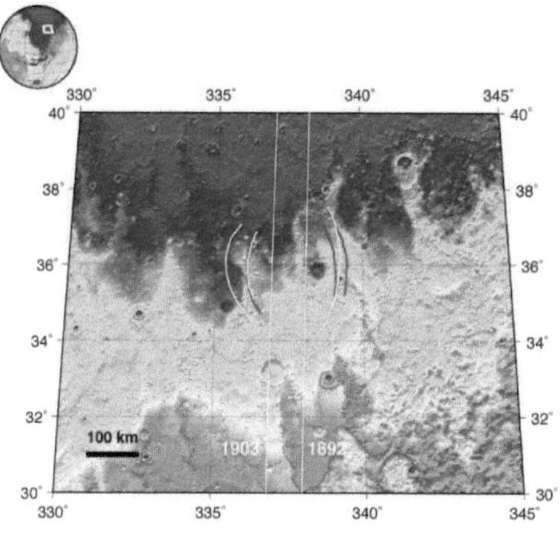

Abb. 9:
Topographische Karte der *Chryse - Planitia –* Wassereis-Region. Die Bögen in der Bildmitte zeigen das Einschlagbecken, das mit Wasser gefüllt ist . Quelle: NMM, Bild 2006

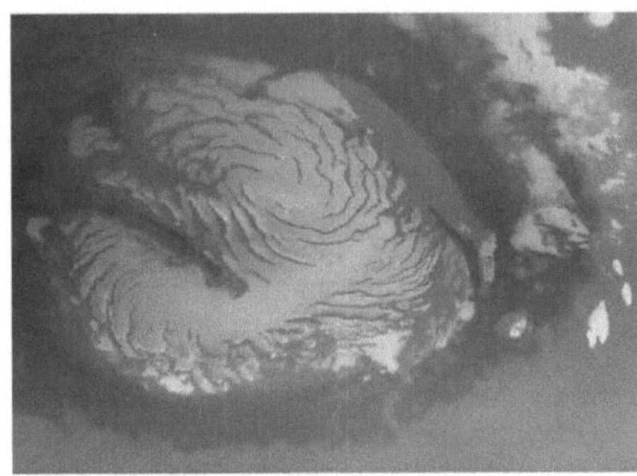

Abb.10: Der Nordpol des Mars, auf dem eine Wasserschicht vermutet wird.
(Bild:Mars Global Surveyor,1998)
Quelle: Wikipedia Bild 2006c

Diskussion

Es sind elementare Fragen, die hier behandelt wurden, denn sie betreffen nicht allein den Mars, sondern vor allem auch uns. Wer sind wir? Woher kommen wir? Wohin gehen wir?
Nur wenn wir nach draußen blicken, können wir in uns hineinschauen und mehr über uns selbst erfahren. Denn es stellt sich ja auch die Frage: Entstand das Leben auf diesem Planeten? Oder wurde es transportiert, was ja durchaus im Bereich des Möglichen liegt, wenn Meteoritengestein reich an Molekülen des Lebens ist? Und wenn auf dem Mars ein Asteroidenimpakt geschieht, der viele kleine Trümmer von der Planetenoberfläche in den Weltraum schleudert, die dann auf die Erde gelangen, dann wäre es ja plausibel, wenn genauso gut das umgekehrte geschieht. Könnte somit das Leben von der Erde auf den Mars gelangt sein? Oder sogar vom Mars auf die Erde? Auf diese Geschehnisse der Vergangenheit kann wohl keine Antwort gefunden werden. Wohl aber kann in die Zukunft geblickt und geplant werden, um höheres Leben auf dem Mars eines Tages möglich zu machen - mit uns. Doch bis dahin müssen wohl noch einige tiefgreifende Veränderungen mit und in uns geschehen - sowohl verblendete Politiker als auch Wissenschaftler, die ihre Sinne vor allen neuen, revolutionären Erkenntnissen verschließen, müssen lernen, ihre Augen zu öffnen. So wie der Rest der Menschheit lernen muss, verantwortungsvoll miteinander und mit seiner Heimat umzugehen und aufhören muss, seinesgleichen, ob Pflanze oder Tier, aus Sport, Lust oder Gier zu töten und aus seinem Planeten eine Wüste zu machen. Doch wir müssen bis dahin auch soviel Erkenntnisse wie möglich über unseren Nachbarplaneten gewinnen, um eine bemannte Raumfahrt und Kolonialisierung zu ermöglichen.

Denn der Mars könnte uns eine neue Heimat bieten - Planetare Katastrophen wie Asteroideneinschläge oder Klimawandel sind zwar unvermeidbar. Aber was vermeidbar ist, sollten wir auf keinen Fall tun. Die Zeit des *Homo Sapiens* auf der Erde läuft ab - das ist Gewissheit. Die bisher erhaltenen Daten, die wir von den Marssonden und Meteoriten erhalten haben, deuten zwar alle in die Richtung, dass der Mars ein Planet des Lebens ist oder war. Doch als Beweise für eine Entstehung von Leben auf dem Mars können sie allesamt nicht gelten. Um den endgültigen Beweis zu erhalten, müssten die Sonden wohl lebende Organismen oder Wasser auf dem Mars finden oder die mysteriösen Gebilde im Inneren von *ALH84001* müssten als richtige Fossilien identifiziert werden.

Betrachtet man Entstehung und Zusammenhang des Universums, kommt man zu dem Schluss, dass alles nach dem gleichen Schema aufgebaut ist, sowohl im Mikro - als auch im Makrokosmos. Es sind die vier physikalischen Grundkräfte, die alles zusammenhalten - die starke Kernkraft, die schwache Kernkraft, die Gravitationskraft und die elektromagnetische Kraft. Alles im Universum besteht aus leichten und schweren Elementen, auch wir Menschen. Somit bestehen auch wir aus Stoffen, die vor Jahrmilliarden im Inneren gewaltiger Sterne synthetisiert, unter extremen Temperatur- und Druckbedingungen nuklear zusammengebaut und durch den Sternentod ins All geschleudert wurden und dort wieder neu zusammenfanden. Das Universum ist ein ewiger Kreislauf, bei dem sich die Vorgänge Geburt und Tod wieder und wieder fortsetzen. (Fiebag, Sasse, 1996m) Es scheint so, als sind im gesamten Kosmos die Grundlagen für komplexe Molekülstrukturen angelegt worden. Je nach Umweltbedingungen, kann etwas, das wir als Leben bezeichnen aus ihnen hervorgehen. (Fiebag, Sasse, 1996n) Der Mensch ist bislang die komplexeste dieser Strukturen. Ob sie ein Geniestreich oder nur ein misslungenes Experiment der Natur ist, wird sich zeigen. Denn die Natur hat die Angewohnheit, Fehler wieder zu korrigieren, etwa durch Extinktion, und etwas Neues entstehen zu lassen.

Wie beständig zeigen sich dagegen die „primitiven" einzelligen Mikroorganismen: Seit 3,8 Milliarden Jahren gibt es sie auf der Erde, den modernen Menschen erst seit etwa 100.000 Jahren – das entspricht etwa einem Monat zu einer Minute. Mikroben übertreffen alle anderen lebenden Spezies an Zahl und Artenreichtum – 60% der Biomasse der Erde besteht aus ihnen, 2 bis 3 Milliarden Arten werden geschätzt, von denen erst 0,5% bekannt sind (Wikipedia, 2006f). Sie haben minimale Ansprüche, halten den extremsten Umweltbedingungen stand (sogar im Vakuum überleben sie), sind in der Lage, jede ökologische Nische zu besiedeln und sind unsterblich - seitdem der erste Einzeller auf der Erde auftauchte, teilt sich durchschnittlich jede halbe Stunden einer. Ohne sie wäre jedes andere Leben undenkbar. Während im Laufe der Erdgeschichte die Dinosaurier und viele andere Spezies ausstarben, gibt es die Mikroben nach wie vor seit der ersten Stunde.
Ohne Zweifel sind sie – und nicht etwa der Mensch - der erste und größte Erfolg, den die Evolution jemals hervorgebracht hat und auch der Hauptgrund, warum sie für eine Indikation von Leben auf dem Mars viel wichtiger sind als Pflanzen oder Tiere.

Literaturverzeichnis:

Engeln, Henning (2004): **GEO kompakt** Nr.1 – Die Geburt der Erde, 2004, S.142-157, Vielfalt wie aus dem Nichts

European Space Agency (2005): **ESA-Portal Germany** – Neue Indizien für Leben auf dem Mars.
http://www.esa.int/esaCP/SEMZBMD3M5E_Germany_0.html , 8.3. 2005
Abgefragt am 22.7. 2006

Fiebag Johannes, Sasse Torsten (1996a): **Mars-Planet des Lebens**, ECON Verlag GmbH, 1996, S.93ff, Kapitel V

Fiebag Johannes, Sasse Torsten (1996b): **Mars-Planet des Lebens**, ECON Verlag GmbH, 1996, S.125, Kapitel VI

Fiebag Johannes, Sasse Torsten (1996c): **Mars-Planet des Lebens**, ECON Verlag GmbH, 1996, S.59, Kapitel III

Fiebag Johannes, Sasse Torsten (1996d): **Mars-Planet des Lebens**, ECON Verlag GmbH, 1996, S.60,64,66,68,70, Kapitel III

Fiebag Johannes, Sasse Torsten (1996e): **Mars-Planet des Lebens**, ECON Verlag GmbH, 1996, S.83,84,87, Kapitel IV

Fiebag Johannes, Sasse Torsten (1996f): **Mars-Planet des Lebens**, ECON Verlag GmbH, 1996, S.133ff, Kapitel VI

Fiebag Johannes, Sasse Torsten (1996g): **Mars-Planet des Lebens**, ECON Verlag GmbH, 1996, S.132f, Kapitel VI

Fiebag Johannes, Sasse Torsten (1996h): **Mars-Planet des Lebens**, ECON Verlag GmbH, 1996, S.95-102, Kapitel V

Fiebag Johannes, Sasse Torsten (1996i): **Mars-Planet des Lebens**, ECON Verlag GmbH, 1996, S.118-124, Kapitel VI

Fiebag Johannes, Sasse Torsten (1996j): **Mars-Planet des Lebens**, ECON Verlag GmbH, 1996, S.139ff, Kapitel VI

Fiebag Johannes, Sasse Torsten (1996k): **Mars-Planet des Lebens**, ECON Verlag GmbH, 1996, S.15-35, Kapitel I

Fiebag Johannes, Sasse Torsten (1996l): **Mars-Planet des Lebens**, ECON Verlag GmbH, 1996, S.182, Kapitel IX

Fiebag Johannes, Sasse Torsten (1996m): **Mars-Planet des Lebens**, ECON Verlag GmbH, 1996, S.40,42, Kapitel II

Fiebag Johannes, Sasse Torsten (1996n): **Mars-Planet des Lebens**, ECON Verlag GmbH, 1996, S.262f, Kapitel XII

Jacobi, Anja (2004): **GEO kompakt** Nr.1 – Die Geburt der Erde, 2004, S.116f, Wo fand das Wunder statt? – Alternative Theorien zur Lebensentstehung

Kehse Ute (2004): **GEO kompakt** Nr.1 – Die Geburt der Erde, 2004, S. 108- 117, Das Wunder in der Tiefsee

Kehse Ute, Rademacher Horst (2004): **GEO kompakt** Nr.1 – Die Geburt der Erde, 2004, S.120- S. 132, Lebenselixier im Meer

Lorenzen, Dirk H. (2004a): **Mission: Mars,** Kosmos Verlag, 2004, S.106ff, Kapitel: Forscher, Fakten, Fantasien: Wasser und Leben auf dem Mars?

Lorenzen, Dirk H. (2004b): **Mission: Mars,** Kosmos Verlag, 2004, S.108, Kapitel: Forscher, Fakten, Fantasien: Wasser und Leben auf dem Mars?

Lorenzen, Dirk H. (2004c): **Mission: Mars,** Kosmos Verlag, 2004, S.111f, Kapitel: Forscher, Fakten, Fantasien: Wasser und Leben auf dem Mars?

Lorenzen, Dirk H. (2004d): **Mission: Mars,** Kosmos Verlag, 2004, S.111, Kapitel: Forscher, Fakten, Fantasien: Wasser und Leben auf dem Mars?

Lorenzen, Dirk H. (2004e): **Mission: Mars,** Kosmos Verlag, 2004, S.121, Kapitel: Forscher, Fakten, Fantasien: Wasser und Leben auf dem Mars?

Priebsch Wolfgang (2002): **Spektrum der Wissenschaft** 3/2002. Leserbriefe, S.9

Ruder Kate (2003): **Genome News Network - Radiation-Resistant Microbe Found in Chilean Desert**
http://www.genomenewsnetwork.org/articles/11_03/desert.php, 14.11.2003
Abgefragt am 25.7.2006

Wikipedia (2006a): Frank Drake.
http://de.wikipedia.org/wiki/Frank_Drake.
Abgefragt am 30.7.2006

Wikipedia (2006b): Leben.
http://de.wikipedia.org/wiki/Leben
Abgefragt am 12.8.2006

Wikipedia (2006c): Mars (Planet). http://de.wikipedia.org/wiki/Mars_%28Planet%29
Abgefragt am 22.7.2006

Wikipedia (2006d): Europa (Mond). http://de.wikipedia.org/wiki/Europa_%28Mond%29
Abgefragt am 5.8.2006

Wikipedia (2006e): Methan.
http://de.wikipedia.org/wiki/Methan
Abgefragt am 29.7.2006

Wikipedia (2006f): Mikroben.
http://de.wikipedia.org/wiki/Mikroben
Abgefragt am 4.8.2006

Zaun Harald (2005): **Telepolis: Irdische „Marsbakterien"**
http://www.heise.de/tp/r4/artikel/21/21532/1.html, 12.12. 2005
Abgefragt am 22.7.2006

ZDFheute (2004): **ZDFheute.de** – Methan in der Mars Atmosphäre entdeckt.
http://www.heute.de/ZDFheute/inhalt/8/0,3672,2115560,00.html, 28.3.2004
Abgefragt am 22.7.2006

<u>Abbildungen:</u>

Astronomie.de Bild 2003:
http://www.astronomie.de/vds/astronomietag-2003/alh84001.jpg
Abgefragt am 10.8.2006

Dharma Haven Bild 2000:
http://www.dharma-haven.org/science/hallucigenia.jpg
Abgefragt am 10.8. 2006

NMM Bild 2006:
http://www.nmm.ac.uk/upload/img_400/MARSIS_release_3_H.jpg
Abgefragt am 10.8.2006

Scheffel Schule Bild 1992:
http://scheffel.og.bw.schule.de/faecher/science/biologie/Evolution/92endosym/
endo.gif
Abgefragt am 10.8.2006

Uni Tartu Bild 2003:
http://www.ut.ee/BGGM/eluareng/ediacara.jpg
Abgefragt am 10.8.2006

Uni Tübingen Bild 2005:
http://www.uni-tuebingen.de/uni/qvo/pm/pm2005/gifs/pm-05-100-02gr.jpg
Abgefragt am 10.8.2006

Wikipedia Bild 2006a:
http://upload.wikimedia.org/wikipedia/commons/2/2a/Mars_Earth_Comparison.
png
Abgefragt am 10.8.2006

Wikipedia Bild 2006b
http://upload.wikimedia.org/wikipedia/de/thumb/f/f6/Volvox_aureus.jpg/800pxV
olvox_aureus.jpg
Abgefragt am 10.8.2006

Wikipedia Bild 2006c:
http://upload.wikimedia.org/wikipedia/de/f/f1/Marsnordpol.jpg
Abgefragt am 10.8.2006

Wissenschaft-Online 2006:
http://www.wissenschaft-online.de/lexika/showpopup.php?
lexikon_id=9&art_id=4739&nummer=1639
Abgefragt am 10.8. 2006

Autor:
Markus Kranzler
Wien, Österreich im Juli / August 2006

Verfasst als Endarbeit für die Lehrveranstaltung „Astrobiologie"